Ein Warnhinweis vorweg:

Wenn Sie ein gläubiger Anhänger der „CO_2-Klimareligion“ sein sollten, dann könnte der nachfolgende Text bei Ihnen zu schweren Beeinträchtigungen bis hin zur Schnappatmung führen.

Verbrannte Erde

Uli Weber

Verbrannte Erde

Uli Weber

Herstellung und Verlag:

BoD - Books on Demand, Norderstedt

ISBN: 978-3-75785-943-5

Motiv Einbandfoto: „Earthrise“ aufgenommen von William Anders am 24. Dezember 1968 während einer Umkreisung des Mondes – NASA gemeinfrei Bearbeitung U. Weber

Internet-Links: Die in diesem Buch angegebenen Internet-Links dienen allein dem Herkunftsnachweis von Zitaten und/oder Abbildungen sowie weiterführenden Informationen. Der Autor hatte alle Links vor Veröffentlichung dieses Buches geprüft, übernimmt aber keinerlei Verantwortung/Haftung für aktuelle Inhalte.

Über dieses Buch: Wir stehen aufgrund der fehlerhaften Anwendung eines physikalischen Gesetzes vor einer panischen Dekarbonisierung unseres fossil befeuerten Paradieses. Dieses Buch ist ein Versuch, mein hemisphärisches Stefan-Boltzmann-Modell für den interessierten und mündigen Staatsbürger in verständlicher Form darzustellen. Mein Modell beweist, dass es gar keinen „natürlichen atmosphärischen Treibhauseffekt" auf unserer Erde geben kann, und eine globale Dekarbonisierung deshalb völliger Wahnsinn ist. Denn die Berechnung, auf der dieser Treibhauseffekt beruht, ist reine Mathematik und verletzt die Regeln und Bedingungen der zugrunde liegenden Physik. Mein hemisphärischer Stefan-Boltzmann-Ansatz geht auf eine Veröffentlichung von 2016 in den „Roten Blättern" der Deutschen Geophysikalischen Gesellschaft zurück und beschreibt die Temperaturgenese auf unserer realen Erde. Ein populärwissenschaftlicher Artikel darüber erschien Anfang 2017 auf Tichys Einblick und wurde dann von EIKE[1] übernommen. Seitdem konnte ich mein hemisphärisches Stefan-Boltzmann-Modell auf EIKE in mehr als 40 Artikeln unter ganz unterschiedlichen Aspekten mit Phänomenen der realen Erde abgleichen und präsentieren. Dafür bedanke ich mich bei der EIKE-Redaktion, insbesondere bei Herrn Dipl.-Ing. Michael Limburg, ganz herzlich.

Bibliographische Information der Deutschen Nationalbibliothek:

Die Deutsche Nationalbibliothek verzeichnet diese Publikation in der Deutschen Nationalbibliografie; detaillierte bibliografische Daten sind im Internet abrufbar[2].

---

[1] https://eike-klima-energie.eu/

[2] http://dnb.d-nb.de/

Die Klimareligion: *„Tim Ball rief ‚Der Klimagott ist tot[3]', dessen Verteidiger Michael Mann schwieg, und keiner hat etwas mitbekommen. Und nun das Wetter. Heute 32 Grad in Deutschland, die Klimakatastrophe ist da! Wir werden alle sterben!"* (Roger Letsch[4])

INHALT mit einer Kurzbeschreibung der Themen (Summary for Policymakers)

Ein paar einleitende Worte zu meinem hemisphärischen Stefan-Boltzmann- Modell – Seite 7: Überblick über die wesentlichen physikalischen Zusammenhänge.

Die Ausgangssituation – Seite 8: Schon bei der klimapolitischen Ausgangssituation im heutigen Stupidozän beißt sich die argumentative Katz' in den klimareligiösen Schwanz. Klima ist eine statistische Definition und beschreibt den Durchschnitt von 30 Jahren Wetter. Als vorgebliche „Beweise" für einen „menschengemachten Klimawandel" müssen dann wiederum Extremwetterereignisse aus fremden Klimazonen herhalten.

Der Klimabegriff – Seite 10: Unsere Erde wird in geografische Klimazonen eingeteilt. Diese werden durch Gemeinsamkeiten wie beispielsweise Temperatur, Niederschlagsmenge und/oder Vegetation beschrieben und dienen der Abgrenzung verschiedenartiger Klimate auf unserer Erde. Wie aber sollte dann, bitte sehr, ein ominöses „Weltklima", das wir unbedingt retten müssen, als Durchschnitt über alle Klimate überhaupt aussehen?

Der mediale Klimaalarm verschiebt die Informationsbasis – Seite 12: Wir werden überschüttet mit einseitigen Medieninformationen über eine angebliche Hitzekrise. Haben Sie dagegen in den letzten Jahren irgendetwas über Kältewellen erfahren? – Nein, und damit entsteht der falsche Eindruck, es würde auf unserer Erde immer wärmer werden.

---

[3] http://climatecasechart.com/non-us-case/michael-mann-v-timothy-tim-ball-the-frontier-centre-for-public-policy-inc-and-john-doe/

[4] https://unbesorgt.de/ein-pokerspiel-um-hockeystick-und-klimakatastrophe/

Der „natürliche atmosphärische Treibhauseffekt“ – Seite 14: Die Sonneneinstrahlung wird mit dem Flächenfaktor „4“ über die Gesamtfläche der Erde verteilt und daraus mittels einer Stefan-Boltzmann-Inversion eine Temperatur von -18°C berechnet. Diese wird durch einen unbewiesenen „natürlichen atmosphärischen Treibhauseffekt“ von 33°C zwangsweise an die gemessene Durchschnittstemperatur von ca. 15°C angepasst.

Mein hemisphärisches Stefan-Boltzmann-Modell – Seite 16: Die Sonne scheint nur auf der Tagseite unserer Erde, und nur hier kann sie Wärme erzeugen. Schon eine überschlägige und physikalisch nicht ganz korrekte Berechnung liefert für die Tagseite unserer Erde eine Durchschnittstemperatur von etwa 28°C. Diese Temperatur liegt etwa 13°C über der gemessenen Durchschnittstemperatur und erfordert damit gar keinen falschen Treibhauseffekt.

Der Mond ist ein einfaches Modell unserer Erde – Seite 18: Auf dem Mond gibt es keine Atmosphäre und kein freies Wasser. Dafür folgt die Temperatur auf der Tagseite ziemlich exakt meinem hemisphärischen Stefan-Boltzmann-Modell.

Die Wärmespeicher unterscheiden Mond und Erde– Seite 20: Wenn Ihre Heizung über Nacht das Warmwasser nicht aufheizt, dann ist es morgens trotzdem noch nicht kalt.

Einstrahlung und Abstrahlung müssen sich in etwa entsprechen – Seite 22: Wenn mehr Energie ein- als abgestrahlt wird, dann steigt die Temperatur kontinuierlich; und wenn mehr Energie ab- als eingestrahlt wird, dann sinkt sie. Bei Gleichstand ändern sich zwar die Temperaturen über den Jahresverlauf, aber nicht über die Jahre.

Die terrestrische Abstrahlhöhe – Seite 24: Es wird auf der Tagseite der Erde eine durchschnittliche solare Strahlungsleistung von 470 W/m² eingestrahlt und in Energie verwandelt. Über ihre Gesamtfläche strahlt unsere Erde dann 235 W/m² wieder ab.

Der Pferdefuß in der Schwarzschild-Gleichung – Seite 26: Auch die theoretische Ableitung des Treibhauseffektes ist falsch, denn sie setzt ausgerechnet bei der falschen Verteilung der Sonneneinstrahlung über die gesamte Erde an.

Gilt der Schutz des GG für Wissenschaft und Forschung auch für Fehlurteile? – Seite 28: Die Freiheit von Wissenschaft, Forschung und Lehre steht unter dem ausdrücklichen Schutz des Artikels 5 des Grundgesetzes (GG). Ausgerechnet das Bundesverfassungsgericht hatte sich bei seinem geschichtsträchtigen Klimaurteil auf eine unwissenschaftliche Randgruppe gestützt und gegen die Erkenntnisse des IPCC geurteilt.

Sind die ominösen 97% wirklich eine echte Mehrheit? – Seite 30: Durch einen Taschenspielertrick mit der 100%-Bezugsgröße konnten Cook et al. (2013)[5] einer 32%-Aktivistenminderheit die absolute 97%-Mehrheit zuschanzen.

Beste Grüße von Galileo Galilei: Macht es Sinn, wenn Gerichte in offenen wissenschaftlichen Fragestellungen Urteile fällen? – Seite 32: Was soll man davon halten, wenn sich höchste Gerichte ermächtigt fühlen, über Dogmen aus einem religiös-alchimistischen Dunstkreis entscheiden zu wollen? Und wenn es dabei auch noch um existenzielle Fragen für unser Land sowie die Zukunft unserer Kinder und Enkel geht, dann ist ein solches Verhalten nicht einmal mehr ansatzweise zu verstehen.

Die Klimawandler und ihre Netzwerke – Seite 34: Der Graichen-Skandal im Bundeswirtschaftsministerium hat uns einen kurzen Blick auf die Netzwerke eröffnet, die in unserem Land Klimapolitik machen. Der mediale Aufschrei hielt sich in engen Grenzen und tiefere Recherchen blieben aus, während unabhängigen Klima-Blogs und Vereinen schnell mal ein Sponsoring aus der Ölindustrie unterstellt wird.

Das nächste UN-Schreckgespenst wartet schon – Seite 35: Mit dem UN-Weltbiodiversitätsrat „The Intergovernmental Science-Policy Platform on Biodiversity and Ecosystem Services", kurz IPBES, hat die UN schon vor einigen Jahren die nächste Hydra ausgebrütet. Bisher hat die IPBES-Schlagzeile von einer Million aussterbenden Arten trotz mehrfacher medialer Versuche noch nicht richtig gezündet, aber das kann ja noch kommen…

---

[5] https://iopscience.iop.org/article/10.1088/1748-9326/8/2/024024

Ein paar einleitende Worte zu meinem hemisphärischen Stefan-Boltzmann- Modell

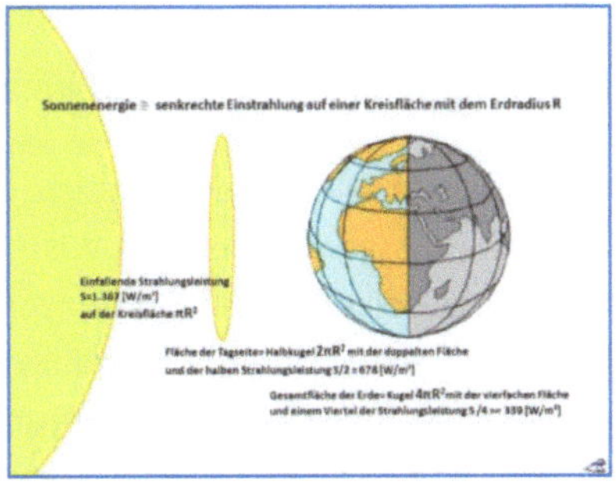

Die wesentlichen physikalischen Vorgänge in meinem hemisphärischen Stefan-Boltzmann- Modell lauten:

(1) Die hemisphärische Sonneneinstrahlung erfolgt ausschließlich auf der Tagseite der Erde (Halbkugel), wodurch sich die terrestrische Temperaturgenese ganz zwanglos ohne den sogenannten „natürlichen atmosphärischen Treibhauseffekt" (THE) herleiten lässt.

(2) In meinem hemisphärischen S-B-Modell ist die Wärmespeicherung durch Atmosphäre und Ozeane ein wesentliches Kennzeichen des „eingeschwungenen und gesättigten" Systems Erde. Folglich widerspricht dieses Modell dem konventionellen Treibhausparadigma mit 0 Kelvin für die Nachtseite der Erde diametral.

(3) Die Anwendung der Stefan-Boltzmann-Umgebungsgleichung vermag den Wärmeaustausch einer Ortslage mit den globalen Wärmespeichern in Ozeanen und Atmosphäre (insbesondere auf der Nachtseite) und damit die sogenannte „globale Durchschnittstemperatur" ohne einen sogenannten THE zu erklären.

(4) Die IR-Abstrahlung durch Gase im Bereich zwischen Stratosphäre und Mesosphäre ergänzt die IR-Abstrahlung der Erde im atmosphärischen Fenster und komplettiert damit die mittlere Abstrahlungsleistung über die Gesamtfläche unserer Erde mit durchschnittlich 235 [W/m²] auf die gemittelte temperaturwirksame solare Netto-Strahlungsleistung von durchschnittlich 470 [W/m²] auf der Tagseite.

Die klimapolitische Situation im ausgehenden Stupidozän

Wem können Sie heute eigentlich noch vertrauen? Es gibt Klimaleugner und Klimaverleumder, Wissenschaftler und Wissenschuftler, Journalisten und Journalunken, Volksvertreter und Volksverräter. Und unsere auf fossilen Energieträgern basierende technische Zivilisation steht vor einer Vielzahl von zwangsverordneten Wenden, Energiewende, Verkehrswende, Agrarwende, Ernährungswende, Technologiewende, Gerechtigkeitswende, Besitzwende, Freiheitswende, Geschlechterwende, Bevölkerungswende, Sprachwende und vollzieht gerade eine Demokratiewende vom mündigen Bürger hin zu einer Rätedemokratur. Und das alles geschieht nur deshalb, weil die sogenannte „Klimawissenschaft" nicht in der Lage gewesen ist, das physikalische S-B-Gesetz korrekt auf unsere Erde anzuwenden und stattdessen einen „natürlichen atmosphärischen THE" erfunden hat.

Die beratende Klimasekte der Bundesregierung, der WBGU[6], hat uns eine „Große Transformation" von der Größenordnung der Neolithischen und der Industriellen Revolution geweissagt. Beide freiwilligen Umbrüche hatten jeweils zu etwa einer Verdreifachung der verfügbaren menschlichen Energieressourcen geführt. Da es diesmal aber um die strikte Verhinderung der Nutzung billiger fossiler Energieträger als Basis unserer industriellen Kultur geht, ist gar nicht mal so sicher, in welche Richtung ein solcher Faktor „3" diesmal ausschlagen wird. Also glauben Sie besser niemandem[7] und denken Sie selber.

Dieses Buch enthält genügend fundierte Nachweise, um sich mit Hilfe eigener (Schul-) Kenntnis plus unverfälschter Informationen aus dem Internet ein eigenes Bild zu machen. Denn dieser ominöse Faktor „3" steht umgekehrt ja auch zwischen uns und der vorindustriellen, bäuerlich geprägten Neuzeit. Ein um den Faktor 3 verringertes Angebot an Energie betrifft also nicht nur die nutzbaren Technologien unserer Kinder und Enkel, sondern natürlich auch deren später verfügbare Nahrungsmenge, deren Gesundheitsvorsorge und damit ganz besonders deren durchschnittliche Lebenserwartung.

---

[6] Wissenschaftlicher Beirat der Bundesregierung Globale Umweltveränderungen

[7] https://en.wikipedia.org/wiki/Nongqawuse

Die Strategien gegenüber „Klimaabweichlern“ stammen von der Stasi[8]

Die Klimamafia ist eine Religionsgemeinschaft, die ihre Glaubenssätze emotional und antiwissenschaftlich über Medien verbreitet und von Faktenerfindern verteidigen lässt[9]:

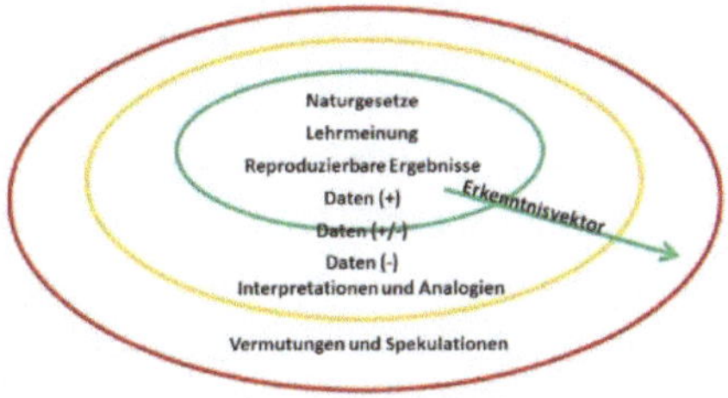

Der „Erkenntnisvektor“ der konventionellen Wissenschaft weist immer nach „außen“

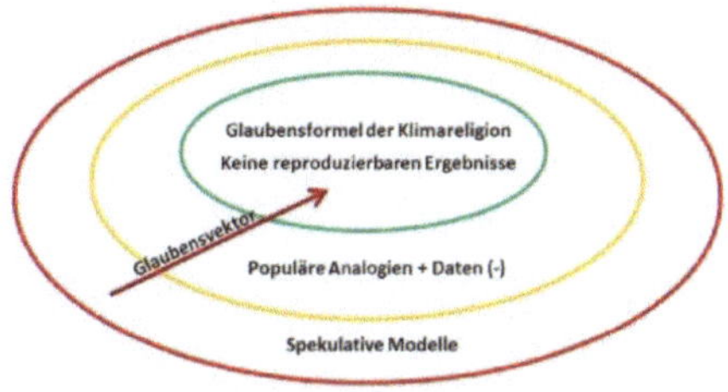

Der „Glaubensvektor“ der Klimareligion weist immer nach „innen“

Schauen Sie einfach mal in das „Handbuch für Desinformation und Zersetzung“[10]. In diesem Handbuch finden Sie bewährte Kochrezepte zur Unterdrückung von Gegenargumenten:

(1) Werfe dem Autor grobe fachliche Fehler, mangelnde Qualifikation und/oder eine falsche Gesinnung vor.

(2) Ziehe die Kernaussage der konterrevolutionären Argumentation grundsätzlich in Zweifel, gehe dabei aber ja nicht auf irgendwelche fachlichen Details ein, sondern zitiere lieber gegenteilige Meinungen und/oder Gerüchte.

(3) Behaupte, es gäbe bereits seit langem eine einzige glaubenskonforme Lösung für die von Dir vertretene/angezweifelte Argumentation, beispielsweise auf der Grundlage einer höheren Moral oder einer wissenschaftlich begutachteten Studie.

(4) Verweise den interessierten Leser zum Beweis für Deine glaubensgerechte Lösung auf irgendeinen glaubensstarken Meinungsmultiplikator, die Glaubenskongregation oder Wikipedia.

(5) Wiederhole am Ende nochmals die Glaubensformel Deiner reinen Lehre und nenne sie „alternativlos“, weil 97 Prozent aller Meinungsmultiplikatoren ihr bedingungslos folgen.

---

8 https://archiv.klimanachrichten.de/die-ks-hobbyecke-wir-basteln-uns-einen-indoktrinationsfilter/

9 Der „Glaubensvektor“ zeigt ins Mittelalter – Archiv Klimanachrichten

10 https://sciencefiles.org/2016/07/16/zersetzung-stasi-konzept-in-neuer-bluete/

Was ist eigentlich Klima[11]?

Computergestützte Klimaprognosen warnen uns vor einem gefährlichen menschengemachten Klimawandel und deshalb soll eine im Klimavertrag von Paris vereinbarte globale Dekarbonisierung die Menschheit vor einer ganz schlimmen Klimazukunft bewahren. Und bevor am Ende wieder einmal alle von nichts gewusst haben wollen und natürlich auch keiner mitgemacht hat, stellt sich doch eigentlich erstmal die Frage, was die Begriffe „Klima“ und „Prognosen“ eigentlich bedeuten; Paris ist hoffentlich selbsterklärend. Das fängt mit „Klima“ ganz einfach an, denn Klima ist per Definition das 30-jährige statistisch gemittelte Wettergeschehen. Das ist für Jedermann leicht nachvollziehbar, und für Jedefrau und Jedengender1-60 natürlich auch, wenn er-sie-es mehr als 30 Jahre alt ist. Also Blick zurück, was hat sich in der vergangenen 30 Jahren eigentlich geändert?

„Früher war alles viel besser, also ist auch das Klima eindeutig schlechter geworden.“

„Wo?“

„Natürlich hier zu Hause, also irgendwo im EEG-Nimmerland.“

Nun geht es bei diesem Klimaalarm aber gar nicht allein um unser Nimmerland, denn wir müssen ja schließlich auch noch die ganze Welt durch eine globale Dekarbonisierung retten. Das Klima ist also offenbar auch überall sonst auf dieser Welt schlechter geworden, also das ominöse Weltklima. Dieses Weltklima, was ist denn eigentlich „das Weltklima“?

Das Weltklima ist logischerweise per Definition das statistische Mittel aus 30 Jahren ‚Weltwetter‘“.

„Und was ist nun Weltwetter?“

„Das ist zeitgleich sehr unterschiedlich, die Sonne brennt, es stürmt, regnet und schneit.“

---

11 https://archiv.klimanachrichten.de/was-ist-eigentlich-klima/

Die Klimaforschung trötet: Das Eis wird langsam heiß, das Meer wird immer mehr, die Wüste immer wüster - der Wahn wird immer größer und der CO_2-Ablaß immer desaströser. Wenn dann das Geld im Kästlein klingt, die Klimamaf'ja aus dem Sessel springt!

Also, wollen wir jetzt der mediengestützten Klimasekte und ihren „Forschenden" alles glauben, was sie so absondern, oder uns eigenverantwortlich selbst ein Bild machen?

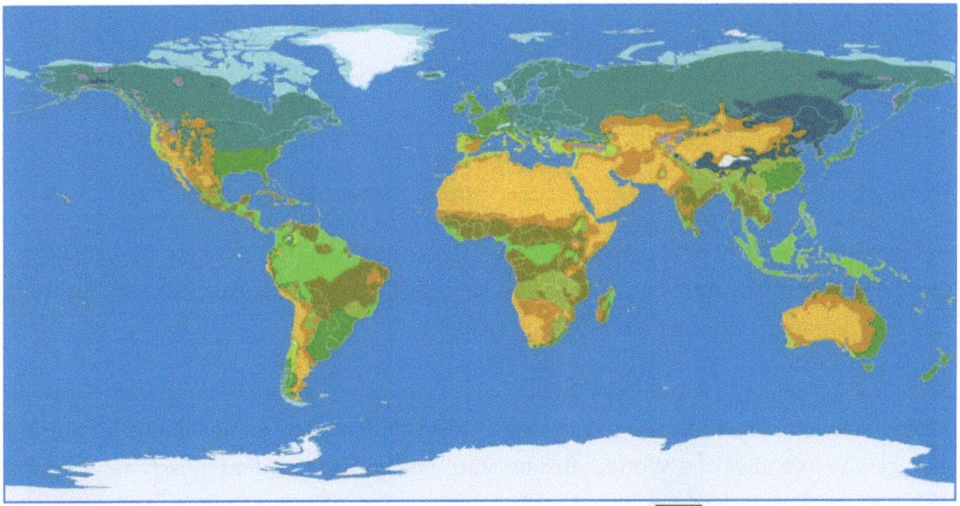

Abbildung: Großklimate der Erde [12] Legende:
(effektive Klimaklassifikation nach Köppen-Geiger, vereinfachte Darstellung)

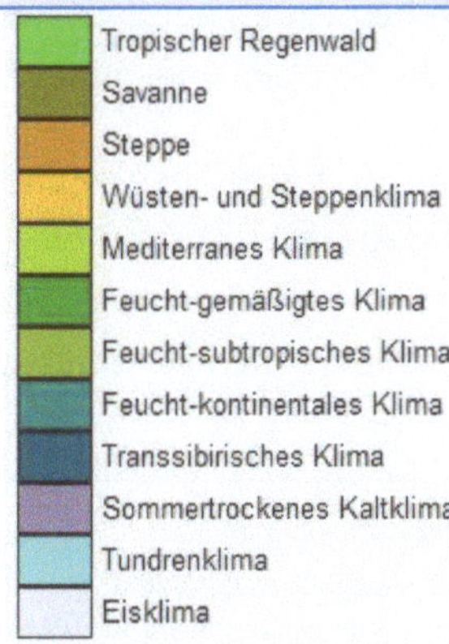

Wir können das Klima also nur statistisch beschreiben.

Wie kann man ein solches Klima dann retten, wenn wir nicht einmal genau wissen, wie es entsteht?

---

[12] Autor LordToran - Lizenz CC BY-SA 3.0

Der mediale Klimaalarm[13] und Ihre ganz persönliche Informationsbasis

Ihre persönlichen Erfahrungswerte sind örtlich eng begrenzt und Sie erhalten ständig Informationen darüber, dass es in weiten Teilen dieser Welt inzwischen viel zu warm geworden ist; Ihr Informationsspektrum ist also sehr einseitig:

man erzählt Ihnen:	**man erzählt Ihnen nicht:**
in Sibirien ist es gerade viel zu warm	in Nordamerika ist es gerade viel zu kalt
in Nordamerika ist es gerade viel zu warm	die hohen Alpenpässe sind immer noch gesperrt
wir haben im Winter einen Hitzeeinbruch	in Nordafrika schneit es

Was passiert durch einen solchen einseitigen „Dauerbeschuss" mit Ihrer ganz persönlichen „gefühlten" Normalverteilung? – Nun, sie verschiebt sich vollautomatisch in Richtung „Klimaerwärmung", wie die nebenstehende Abbildung zeigt.

Das Klima wurde einstmals von der WMO[14] als der statistische Durchschnitt von 30 Jahren Wetter definiert. Im weltweiten Wettergeschehen finden auch immer irgendwo auf der Welt gerade irgendwelche Wetterextreme statt. Solche Extreme finden sich dann, realistisch betrachtet, auf der jeweiligen Gauß-Verteilung des örtlichen Wetters an beiden Seiten der Glockenkurve mit geringer Eintrittswahrscheinlichkeit wieder (Abb. rechts).

Wenn jetzt allerdings in den Medien bei Wetterextremen immer streng auf weltweite Hitzeextreme fokussiert wird, dann wird diese einseitige mediale Häufung die Gauß-Verteilung Ihres ganz persönlichen Erfahrungsschatzes vollautomatisch in Richtung höherer Temperaturen verschieben und Sie damit anfällig für den Klimawahn machen.

---

13 https://archiv.klimanachrichten.de/vorsicht-die-klimaalarmisten-missbrauchen-ihr-gefuehl-fuer-eine-natuerliche-gauss-verteilung/

14 https://de.wikipedia.org/wiki/Weltorganisation_f%C3%BCr_Meteorologie

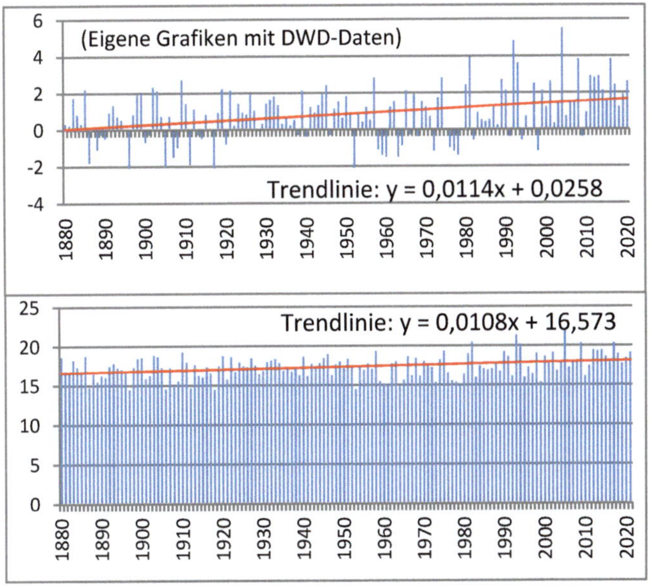

Es macht für den Betrachter allein schon einen Unterschied, ob absolute Temperaturen dargestellt werden oder lediglich Differenzen. Solche Differenzen zu einem unbekannten Bezugswert führen den Betrachter auf die dramatische Abweichung von einer „Norm“ hin (oben), die dort überhaupt nicht definiert wird. Echte Temperaturen (unten) sind da viel ehrlicher.

Beide Abbildungen: Temperaturmittelwerte im Juli von 1878-2020

Die beiden Glockenkurven in der unteren Grafik[15] rechts verdeutlichen anschaulich die „gefühlte“ Verschiebung zu höheren Temperaturen hin. Die linke Kurve stellt die echte Normalverteilung dar und verläuft symmetrisch um den 0-Wert der X-Achse herum. Die blaue (emotionale) Kurve dagegen hat sich aufgrund der einseitigen Informationen rein gefühlsmäßig um +1 nach rechts zu höheren Werten hin verschoben. **Und nein, der Juli 2023 war nicht der heißeste Monat aller Zeiten[16].**

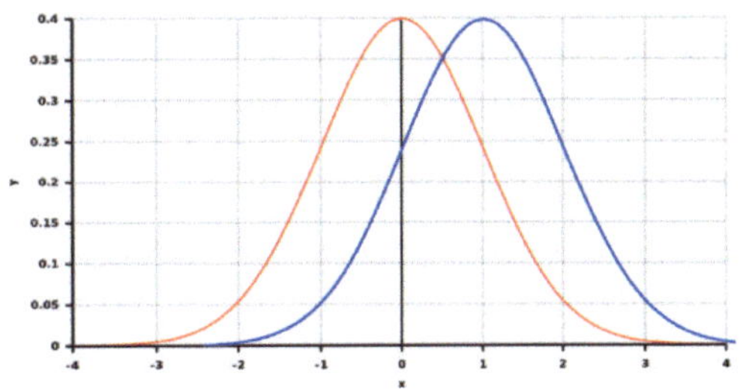

[15] *Dichtefunktion einer normalverteilten Zufallsvariable. Quelle Wikipedia, Urheber Stefan Pohl, Lizenz CC0*

[16] https://eike-klima-energie.eu/2023/08/05/top-klimawissenschaftler-widerlegen-behauptungen-der-juli-sei-der-waermste.../

Der sogenannte „natürliche atmosphärische Treibhauseffekt“

Die real existierende Klimawissenschaft hat sich intellektuell nicht einmal bis zum Buch Genesis 1,5[17] entwickelt. Ganz im Ernst, schon Kindergartenkinder wissen, dass es auf unserer Erde Tag und Nacht gibt. Dagegen bildet die Klimawissenschaft für die Sonneneinstrahlung einen Mittelwert zwischen Tag und Nacht, berechnet daraus für beide Seiten eine gemeinsame „natürliche Temperatur“ von -18°C und stopft die entstehende 33°C-Lücke zur sogenannten „gemessenen globalen Durchschnittstemperatur“ von ca. 15°C dann mit einem bis heute unbewiesen gebliebenen sogenannten „natürlichen atmosphärischen Treibhauseffekt“. Dabei soll sich die bereits erwärmte Erde durch ihre eigene Wärme-Abstrahlung noch weiter erwärmen, was physikalisch völlig unmöglich ist und einer Resonanzkatastrophe mit Abbruch nach dem ersten Glied entsprechen würde. Die korrekte physikalische Situation ist nebenstehend abgebildet.

Und aufgrund dieses völlig unbewiesenen Treibhauseffektes, der auf einer global einheitlichen Tag=Nacht-Durchschnittstemperatur beruht, soll nun angeblich unsere Erde verbrennen, wenn wir nicht sofort unsere CO_2-basierte industrielle Kultur zerstören?

ANMERKUNG: Versuchen Sie einfach mal, einen Fußball mit einer Taschenlampe so anzustrahlen, dass Vorder- und Rückseite des Balls gemeinsam beleuchtet werden[18]. Sie werden feststellen, dass Sie dazu nicht in der Lage sind, weil die Geometrie einfach nicht mitspielt. Aber die sogenannte „Klimawissenschaft“ ist angeblich in der Lage, so eine antiphysikalische Situation genau zu berechnen.

Im weiteren Verlauf dieses Buches werden wir sehen, ob die „Klimawissenschaft“ tatsächlich über den Naturgesetzen von Physik und Geometrie steht.

---

17 *„...und Gott nannte das Licht Tag und die Finsternis nannte er Nacht.“*

18 Mit Dank an den EIKE-Kommentator Werner Schulz für dieses schöne Beispiel

Beide Abbildungen sind nicht maßstäblich

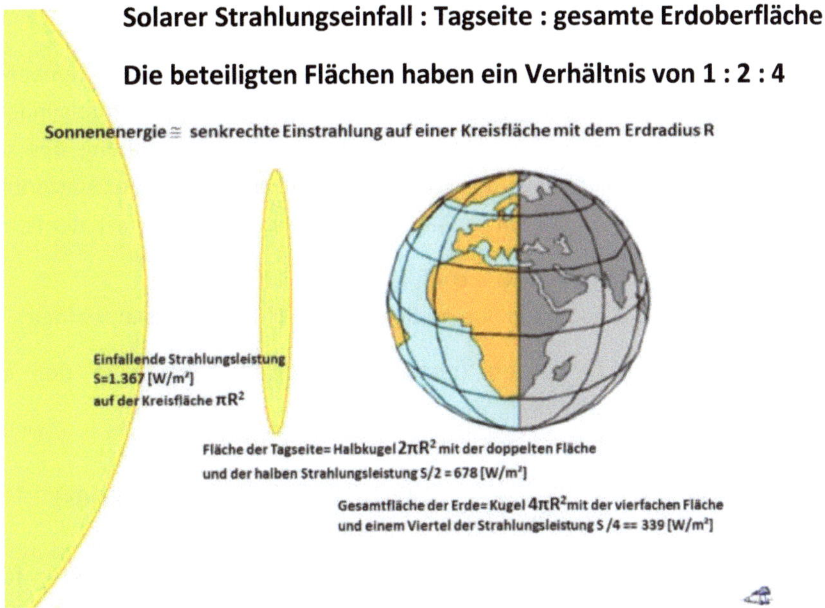

Wie man hier sehr deutlich erkennt, kann es gar keine gemeinsame Temperatur von -18°C für die Tag- und Nachtseite unserer Erde geben, denn nur die Tagseite erhält wärmende Strahlung von der Sonne.

Mein hemisphärisches Stefan-Boltzmann-Modell

Mit keinem anderen physikalischen Gesetz wird so viel Schindluder getrieben wie mit dem Stefan-Boltzmann-Gesetz. Das Stefan-Boltzmann-Gesetz stellt eine direkte Augenblicksbeziehung zwischen Temperatur und Strahlungsleistung eines (Schwarzen) Körpers in einem GLEICHZEITIGEN gemeinsamen thermischen Gleichgewicht her (Abbildung rechts). Dieses physikalische Gesetz wird aber häufig dazu missbraucht, um beliebig ermittelte Durchschnittswerte der Strahlungsleistung in eine Temperatur oder umgekehrt beliebig ermittelte Durchschnittstemperaturen in eine Strahlungsleistung umzurechnen, die weder zeitgleich eingetreten sind noch physikalisch direkt miteinander interagieren.

Für eine korrekte Berechnung des maximalen Stefan-Boltzmann-Temperaturäquivalents aus der Sonneneinstrahlung auf der Tagseite der Erde ergibt sich folgendes Berechnungsschema: Lotrechter Sonnenstand auf dem Äquator, Berechnung des maximalen S-B-Temperaturäquivalents aus der lokalen solaren Einstrahlung auf konzentrischen Mantelringen von 1° Breite mit dem Radius r_i und dem Zenitwinkel φ_i nach der Formel:

$$\mathbf{S_i = S_0 * (1-\alpha) * \cos \varphi_i = \sigma * T_{i\,S\text{-}B}^4}$$

mit α = Albedo und Summation von 0°-90° über alle Mantelringe

Die Gleichung für einen flächengewichteten Mittelwert der örtlichen S-B-Individualtemperaturen lautet dann:

$$T_{HEM} = \frac{\sum_{i=1}^{90} \sqrt[4]{Si/\sigma} * Fi}{\sum Fi} = \mathbf{287{,}16\ Kelvin\quad (= 14{,}03\ °Celsius)}$$

Dieser Wert wird auch durch meine hemisphärische Korrektur für die globale Integrallösung von Gerlich und Tscheuschner (2009)[19] mit 15°C bestätigt.

---

19 https://arxiv.org/abs/0707.1161

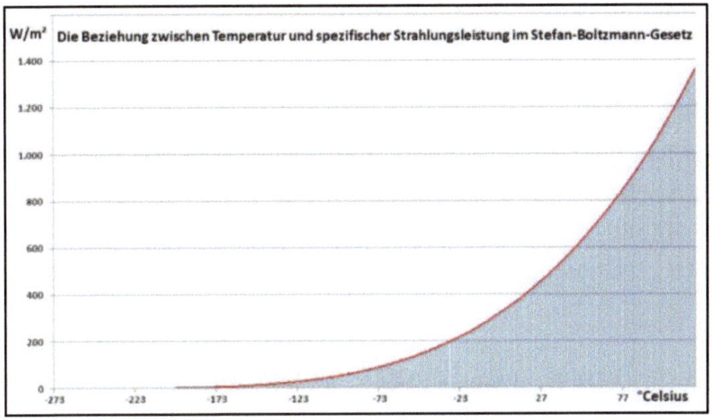

Die Beziehung zwischen Temperatur und Abstrahlungsleistung eines Körpers nach dem Stefan-Boltzmann-Gesetz.

Dieses Gesetz gilt ausschließlich für einander zugeordnete Wertepaare und nicht für Mittelwerte.

Das hemisphärische Berechnungsschema

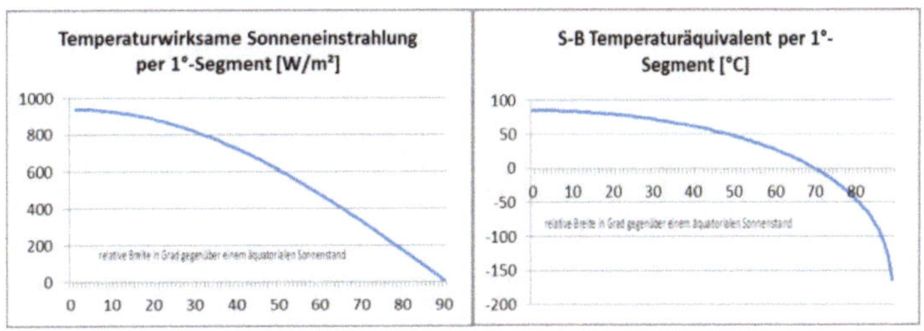

Ergebnisse für Strahlung und Temperaturäquivalent

Meine hemisphärischen Ergebnisse werden durch die Berechnungen von Markus Ott[20] und Klaus Retzlaff[21] ebenfalls vollauf bestätigt.

[20] Markus Ott: Demontage des CO2-Betruges

[21] Klaus Retzlaff: **Inkonsistenzen in der „Herleitung" des natürlichen Treibhauseffektes**

Der Mond ist ein perfektes Modell für eine Erde ohne Atmosphäre

Der Unterschied zwischen Mond und Erde besteht im Wesentlichen aus der Atmosphäre, dem Wasser in Ozeanen, Seen und Flüssen sowie der Vegetation; den glaubensbedingten Einfluss der Fauna lassen wir hier mal beiseite. Weil auf unserer Erde bei gleicher Solarkonstante der Temperaturverlauf völlig anders ist als auf dem Mond, muss das also an Atmosphäre, freiem Wasser und der Flora liegen. Die solare Einstrahlung auf der Tagseite des Mondes erreicht in guter Näherung das rechnerische Stefan-Boltzmann-Temperauräquivalent:

S_{lokal} = S_0 (1-Albedo) x Solarkonstante x COS Zenitwinkel (N-S) x SIN Azimut (E-W)

Auf dem Mond gibt es lediglich Strahlungstransport und Wärmeleitung. Unter Vernachlässigung der Wärmeleitung wird fast die gesamte Strahlungsleistung der Sonne in Wärme umgesetzt, was in der nebenstehenden Abbildung mit dem Temperaturvergleich zwischen Temperaturmessung und S-B-Berechnung nachgewiesen wird. In der Nachttemperatur weichen die beiden Kurven voneinander ab, was der minimalen nächtlichen Wärmespeicherung auf dem Mond geschuldet ist. Allerdings beträgt das S-B-Äquivalent für die verbleibenden ca. 70 Kelvin nur etwa 2 W/m^2.

Es ist offensichtlich, dass auf der Erdoberfläche die rein rechnerische Temperatur nach dem Stefan-Boltzmann-Gesetz aus der solaren Einstrahlung nirgendwo erreicht wird. Andererseits wissen wir aber aus dem Energieerhaltungssatz der Wärmelehre, dass Energie nicht einfach so verschwinden kann. Insbesondere in den Tropen und Subtropen vermindert der ständige Abfluss von Wärme durch Konvektion und Verdunstung den durch die Sonneneinstrahlung bedingten örtlichen Temperaturanstieg. Diese Energie wird in Atmosphäre und Ozeanen gespeichert und gelangt über die globalen Zirkulationen bis in die Polarzonen hinein. Dieser Transport von Energie aus den Tropen zu den Polen ist der Klimamotor unserer Erde.

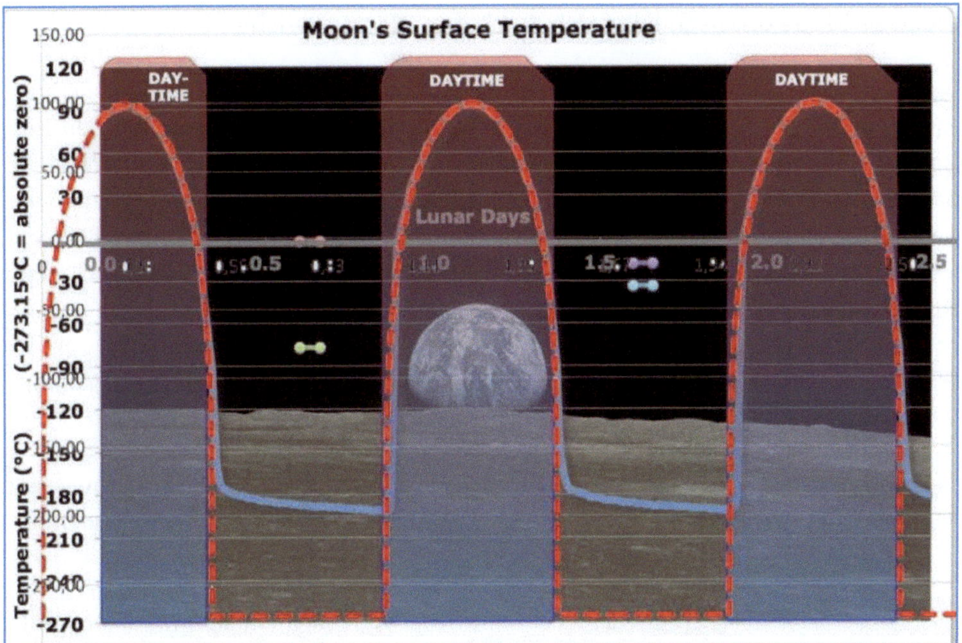

Abbildung: Temperaturvergleich[22] für die Tagseite des Mondes. Gemessene Oberflächentemperatur auf dem Mond am Landeplatz von Apollo 15 (**blau**) aus einem Artikel auf EIKE[23], Primärquelle WUWT[24].

Rot: Hemisphärisches S-B-Temperaturäquivalent @ Landestelle Apollo 15

Also: Auf der Erde wird aufgrund von Wärmespeicherung in den globalen Zirkulationen weder die maximale Tages- noch die minimale Nachttemperatur erreicht.

---

[22] https://eike-klima-energie.eu/2017/07/02/beweist-die-temperatur-des-mondes-den-hemisphaerischen-stefan-boltzmann-ansatz/

[23] https://eike.institute/2012/01/12/frau-luna-ist-eine-kuehle-dame/

[24] https://wattsupwiththat.com/2012/01/08/the-moon-is-a-cold-mistress/

Mond und Erde unterscheiden sich durch ihre Wärmespeicher

Der Mond folgt auf der Tagseite dem hemisphärischen Stefan-Boltzmann-Temperaturäquivalent. Auf der Nachseite sinkt seine Temperatur auf bis zu -200°C ab, was einem S-B-Strahlungsäquivalent von etwa 2 W/m² entspricht. Auf unserer Erde dagegen sinken die Nachttemperaturen aufgrund der in Ozeanen und Atmosphäre gespeicherten Energie weit weniger ab. Meine hemisphärische Berechnung von ca. 15°C für die Tagseite der Erde setzt auf dem Wärmeinhalt der globalen Zirkulationen auf. Bei einer örtlichen Umgebungstemperatur, die von den Ozeanen und der Atmosphäre geprägt wird, ist da also noch viel Potential nach oben, denn die Genese der tagseitigen Ortstemperatur zählt ja erst von der minimalen Umgebungstemperatur an, wie aus der nebenstehenden Grafik ersichtlich wird:

> Der Bereich (A) der solaren Einstrahlung liegt unter dem S-B-Strahlungsäquivalent der Minimumtemperatur und trägt daher nicht zur Temperatur bei, sondern erhöht lediglich den Energieinhalt.
>
> Der Bereich (B) erhöht dann die Temperatur vom Minimum aufs Maximum, während gleichzeitig
>
> der Bereich (C) durch Verdunstung sowie Konvektion/Advektion Energie aus der Einstrahlung „abschöpft".

Sowohl die Temperatur auf der Tagseite der Erde als auch die Temperatur auf deren Nachseite setzen auf der Temperatur der globalen Wärmespeicher auf, die deutlich größer ist als 0 Kelvin. Diese Temperatur wird im Wesentlichen von der Durchschnittstemperatur der Ozeane (ca. 20°C) bestimmt und muss nicht erst durch die solare Einstrahlung erzeugt werden, denn sie ist in diesem „eingeschwungenen" System ja bereits vorhanden.

Der Wärmeinhalt der Ozeane beträgt mehr als 4,59*10^26 Joule oder 50.000 Tage Sonneneinstrahlung, und der nächtliche Wärmeverlust wird auf der Tagseite ständig neu „aufgefüllt", wie die solaren Residuen in der folgenden Abbildung deutlich zeigen.

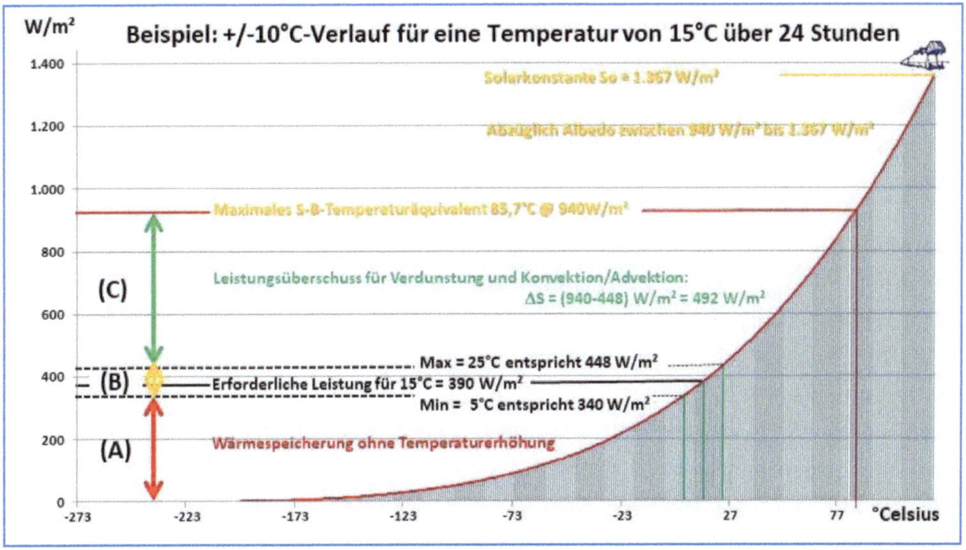

Abbildung: Die Beziehung zwischen Temperatur und spezifischer Strahlungsleistung im Stefan-Boltzmann-Gesetz am Beispiel des Leistungsbedarfs einer Oberflächentemperatur von 15°C +/-10°C

Es wird hieraus also unmittelbar deutlich, dass die Energie in den globalen Zirkulationen von Atmosphäre und Ozeanen auf der Tagseite der Erde zusammen mit der tagtäglichen Erwärmung ebenfalls „wieder aufgeladen" wird.

Einstrahlung und Abstrahlung müssen sich in etwa entsprechen

Betrachten wir einmal ein 1:1-Experiment, nämlich die vorgeblich gemessene Realität auf unserer Erde. Im Framing and Context Supplementary Material[25] zum IPCC Spezialbericht "Global Warming of 1.5°C" (SR1.5[26]) von Oktober 2018 findet sich eine Abbildung zum sogenannten „menschengemachten Temperaturanstieg". Dort wird in „Figure 1.SM.1" die Jahreszeit der größten menschengemachten Erwärmung für den Zeitraum 2006-2015 gegenüber dem Zeitraum 1850-1900 dargestellt, also genau dieser vorgeblich vom Menschen verursachte Temperaturanstieg seit Beginn der Industrialisierung:

Die erratische Verteilung der jahreszeitlichen Temperaturanomalien in „Figure 1.SM.1" stützt die konventionelle Treibhausthese nicht. Es hebt sich in dieser Abbildung weder das jahreszeitliche Strahlungsmaximum zwischen den beiden Wendekreisen noch die Tageslänge im jeweiligen Polarsommer optisch eindeutig hervor (rechte Abbildung). Speziell die mittleren und höheren geographischen Breiten der jeweiligen Sommerhemisphäre, also Nordfrühling und Nordsommer (MAM und JJA) sowie Südfrühling und Südsommer (SON und DJF), zeigen in „Figure 1.SM.1" nach qualitativer Farbgebung gar keine exklusiven jahreszeitlichen Temperaturanomalien. Vielmehr können wir in der „Figure 1.SM.1" des IPCC die größte Veränderung in der Arktis ausgerechnet im Nordwinter (DJF-ockerfarben), also in der ausklingenden Polarnacht zwischen Wintersonnenwende und Frühlingsäquinoktium beobachten.

Die beiden Steuergrößen „maximale solare Strahlungsleistung" für das S-B-Temperaturäquivalent und die „örtliche Tageslängen" für die maximale täglich eingestrahlte Gesamtenergie lassen sich jahreszeitlich unter „Max. Leistung" und „Max. Arbeit" subsummieren. Der nachfolgende graphische Vergleich zeigt, dass die erforderliche Übereinstimmung zwischen den IPCC-Temperaturdifferenzen (links) und der maximalen örtlichen Leistung

---

25 https://www.ipcc.ch/site/assets/uploads/sites/2/2019/10/SR15_1SM_Low_Res.pdf

26 https://www.ipcc.ch/sr15/

bzw. Arbeit der Sonneneinstrahlung (rechts) in der Farbgebung der IPCC-„Figure 1.SM.1“ jahreszeitlich nicht prägnant hervortritt:

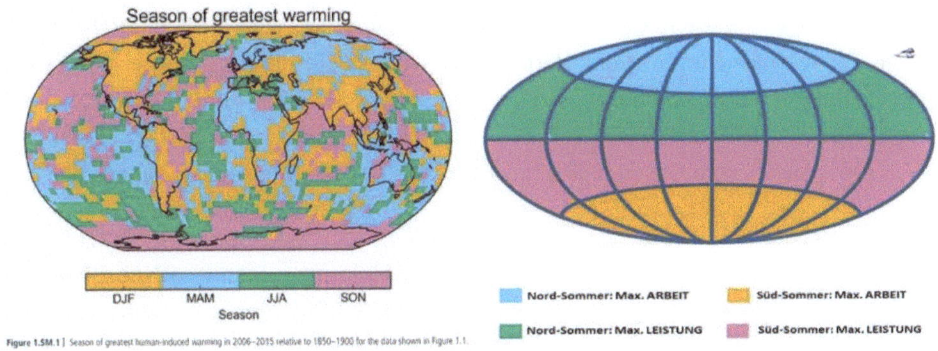

Abbildung[27]: Vergleich der IPCC-„Figure 1.SM.1“ (links) mit den tentativen jahreszeitlichen Auswirkungen von maximaler spezifischer solarer Strahlungsleistung (Max. LEISTUNG) und maximaler örtlicher Tageslänge (Max. ARBEIT) (rechts)

Der vertikale Sonnenstand wechselt im Jahr zwei Mal über den Äquator. Da der jeweilige Sommerpol durch den 24h-Polartag die größte Energiemenge auf unserer Erde erhält (nicht die höchste Temperatur!), sind die atmosphärischen Ausgleichsströmungen um den Frühlings- und Herbstpunkt am stärksten (Frühjahrs- und Herbststürme). Und das IPCC verkauft uns diese Ausgleichsströmungen (=Wetter) hier als „menschengemacht“.

Die IPCC-„Figure 1.SM.1“ bildet also lediglich das chaotische globale Wettergeschehen ab und zeigt keine konkrete Erwärmungstendenz. Daraus lässt sich umgekehrt ebenfalls ableiten, dass Ein- und Abstrahlung auf unserer Erde im Mittel über mehr als 100 Jahre in etwa gleich geblieben sind.

---

[27] https://eike-klima-energie.eu/2020/10/13/niemand-hat-die-absicht-eine-oekodiktatur-zu-errichten/

Auf der sogenannten Abstrahlhöhe muss die terrestrische Abstrahlung gleich der solaren Einstrahlung sein

Wir haben es hier mit einem 2-Ebenen Problem zu tun. Die solare HF-Einstrahlung trifft auf die Erdoberfläche und wird in Wärme umgewandelt. Für die sogenannte „gemessene“ globale Durchschnittstemperatur von ca. 15°C ergibt sich aus dem S-B-Gesetz ein IR-Strahlungsäquivalent von 390 W/m². Die Abstrahlung unserer Erde beträgt aber nur ca. 235 W/m². Aus diesem Grund wurde im Treibhausparadigma eine sogenannte „Abstrahlungshöhe“ eingeführt.

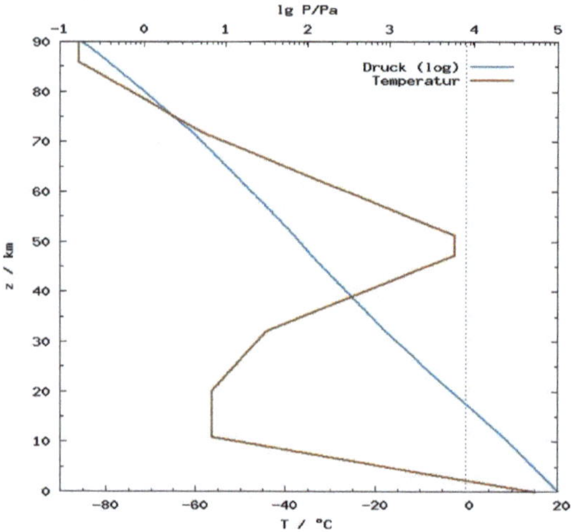

Abbildung[28]: Standardatmosphäre 1976 bis 90 km Höhe – Lizenz GNU Free Documentation

Von 15°C auf Meeresniveau fallen die Temperaturen auf etwa -58°C bei ca. 10 Kilometern ab, um dann bis 20 km Konstant zu bleiben. Zur Stratopause steigen die Temperaturen dann wieder bis auf etwa 0°C an und fallen zur Mesopause erneut auf ca. -85°C ab. Dieser Verlauf wird augenscheinlich nicht durch einen Dichtesprung bewirkt. Der nahezu lineare Temperaturabfall zwischen NN und 10 km Höhe entlarvt nun aber die sogenannte „Abstrahlungshöhe“ der Klimawissenschaft als Zweckprodukt einer fehlerhaften globalen Stefan-Boltzmann-Inversion. Denn mit der barometrischen Höhenformel für -18°C und einem Gradienten von -6,5°C/km landen wir bei einer „Abstrahlungshöhe“ von 5 Kilometern und einer Temperaturdifferenz von 32,5°C – wenn das mal kein Zufall ist. Das physikalisch beliebige Ergebnis von -18°C würde näm-

[28] https://de.wikipedia.org/wiki/Normatmosph%C3%A4re#US-Standardatmosphäre_1976

lich mit gleichlautender Argumentation auf jede andere Temperatur zwischen +15°C und ca. -57°C mit einer entsprechenden „Abstrahlungshöhe" zwischen 0 und 10 km zutreffen. Aber es gibt weitere Möglichkeiten, die sogenannte „Abstrahlungshöhe" zu bestimmen: Innerhalb gewisser Grenzen ist die Wärmeleitfähigkeit von Gasen druckabhängig. Diese physikalische Eigenschaft wird vom Wärmeleitungs-Vakuummeter nach Pirani (Pirani-Messrohr) zur Druckmessung genutzt.

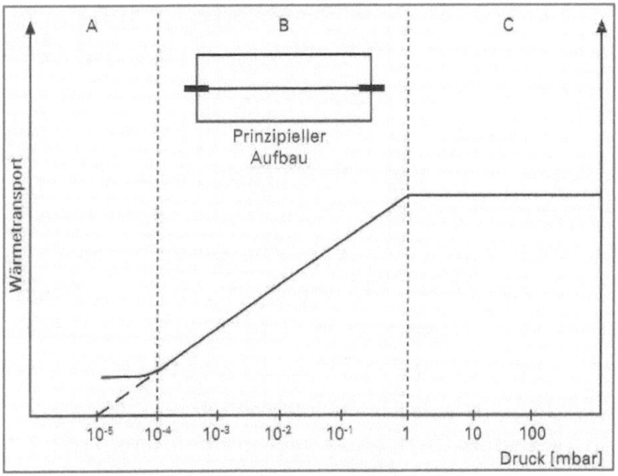

Abbildung[29]**:** Funktionsweise eines Pirani-Vakuummeter

A – Wärmestrahlung des Drahtes und Wärmeableitung an den Drahtenden

B – druckabhängige Wärmeleitung durch das Gas

C – Konvektion

Lizenz: Gemeinfrei

Die Wärmeabgabe des Messdrahtes erfolgt durch drei Prozesse (siehe Skizze, bei von A nach C steigendem Druck). Im Bereich atmosphärischer Drücke („C" = 1.000 – 1 mbar) herrscht Konvektion vor, die keine Energie aus der Erdatmosphäre ins Weltall transportieren kann. Eine Wärmeabstrahlung ist vielmehr erst unterhalb eines Druckes von ca. 10^{-4} mbar möglich. Die Troposphäre als Wetterküche unserer Erde hat mit der Abstrahlung von IR-aktiven Gasen also überhaupt nichts zu tun. Nach den Ergebnissen aus obiger Abbildung mit der prinzipiellen Ansprechkurve für ein typisches Pirani-Messgerät dürfte die sogenannte „Abstrahlhöhe" zwischen etwa 50-100 Kilometern liegen.

---

29 https://de.wikipedia.org/wiki/Datei:Druck-Bereiche.JPG

Der Pferdefuß in der Lösung der Schwarzschild-Gleichung: Die falsche Faktor4-Tag=Nacht-Anfangsbedingung

Die menschengemachte Klimareligion gründet sich auf das Mysterium eines „natürlichen atmosphärischen Treibhauseffektes“ (THE), der angeblich durch den CO_2-Ausstoß aus der technischen Nutzung fossiler Energieträger durch den Menschen noch weiter angeheizt werden soll. Zur wissenschaftlichen Begründung dieses Treibhauseffektes hat man sich der „gemessenen“ Realität (Near Surface Temperatur = NST) auf unserer Erde über einen globalen 24h-Faktor4-Vollkugel-Durchschnitt der hemisphärischen solaren Einstrahlung auf der Tagseite genähert.

Als zwingende rechnerische Kompensation für die dadurch reduzierte theoretische Temperatur wird dann eine terrestrische „Abstrahlungshöhe“ in der Erdatmosphäre behauptet. Diese erfordert wiederum eine sogenannte „atmosphärische Gegenstrahlung“ als Quelle für einen „natürlichen“ Treibhauseffekt. Dieser THE erfüllt den Zweck, die Temperatur von der „Abstrahlungshöhe“, dem tatsächlichen barometrischen Gradienten folgend, am Ende wieder an die „beobachtete“ physikalische Realität an der Oberfläche (NST) anzubinden. Der THE ist also lediglich die paraphysikalische Kompensation für eine physikalisch fehlerhaft hergeleitete theoretische Faktor4-Temperaturgenese auf unserer Erde.

Die Strahlungstransfergleichung: Aus der sogenannten Schwarzschild-Gleichung leitet sich durch Umformung am Ende die sogenannte Strahlungstransfergleichung (STG) her. Die Strahlungsübertragungsgleichung besagt einfach, dass ein Strahlungsstrahl beim Wandern Energie durch Absorption verliert, Energie durch Emissionsprozesse gewinnt und Energie durch Streuung umverteilt. Diese ist aber für alle spektralen Anteile zusammen kaum lösbar. Vielmehr findet unter der Annahme, dass auf der Erde ein globales thermodynamisches Gleichgewicht (GTE) zwischen Ein- und Abstrahlung (IN=OUT) besteht, eine approximative Abschätzung zur Lösung dieser STG statt. Spannend ist nun, dass als Grundlage für diese Abschätzung einer Lösung im Vakuum plötzlich der umstrittene „Faktor 4“ für die globale 24h-Tag=Nacht-Mittelung der hemisphärischen solaren Einstrahlung auf der Erde auftaucht:

Solare Einstrahlung: $\Phi_S = S_0\,(1-\alpha)\,\pi R^2$ (πR^2 = Kreisfläche mit dem Erdradius)

Terrestrische Abstrahlung $\Phi_{Erde} = 4\pi R^2 \sigma T_{eq}^4$ ($4\pi R^2$ = Gesamtfläche der Erde)

Und an dieser Stelle ist dann schon wieder Schluss mit der Theorie. Denn wir müssen erkennen, dass wir durch die **Kugelfläche $4\pi R^2$ bei der terrestrischen Abstrahlung** schon wieder bei dem üblichen globalen Tag+Nacht-Durchschnitt der Klimawissenschaft von -18°C für die Temperatur aus der tagseitigen Sonneneinstrahlung angekommen sind, und das ist nun einmal nachweislich falsch.

Die Schwarzschild-Gleichung schleppt als Pferdefuß also die fehlerhafte Faktor4-Tag=Nacht-Anfangsbedingung in die exakte theoretische Lösung ein und bestätigt damit die alchimistische Schimäre eines „natürlichen atmosphärischen Treibhauseffektes".

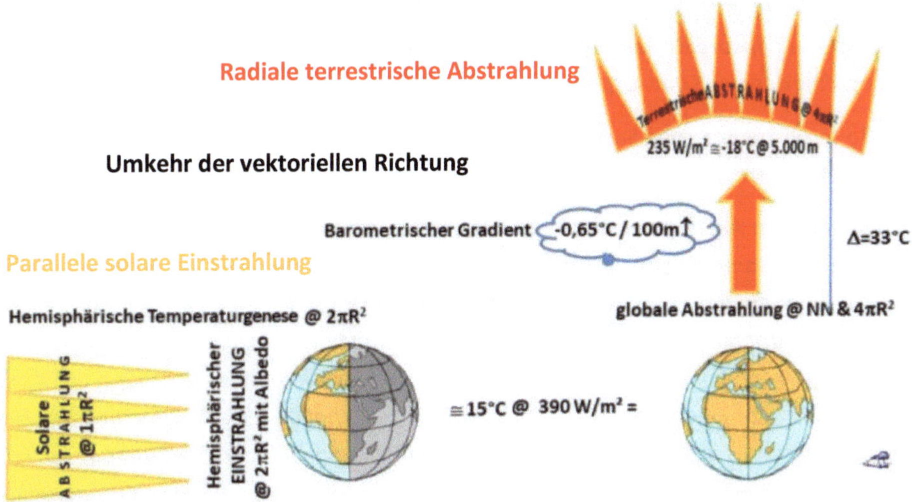

Abbildung: Terrestrische Temperaturgenese (Vereinfachung durch Mittelwerte)
mit der solaren Einstrahlung (@1PIR²=Kreisfläche mit Erdradius),
dem hemisphärischen Durchschnitt (@2PIR²=Halbkugel) und der durchschnittlichen Abstrahlung (@4PIR²=Kugelfläche), sowie den unterschiedlichen Richtungsvektoren

Gilt der Schutz des GG für Wissenschaft und Forschung auch für Fehlurteile?

Im sogenannten Klimaurteil[30] des Bundesverfassungsgerichtes vom 24. März 2021 wird unter Punkt 19 eine annähernd lineare Beziehung zwischen der Gesamtmenge an emittierten klimawirksamen Treibhausgasen und dem Anstieg der mittleren Oberflächentemperatur postuliert, Zitat mit Hervorhebungen:

„Bis zu welcher Höhe und mit welcher Geschwindigkeit die Temperatur weiter ansteigt, hängt vom Anteil der Treibhausgase in der Atmosphäre und damit maßgeblich vom Umfang der anthropogen emittierten Treibhausgase ab, insbesondere vom CO2-Ausstoß (IPCC, a.a.O., S. 17 f., 26). ***Denn zwischen der Gesamtmenge an emittierten klimawirksamen Treibhausgasen und dem Anstieg der mittleren Oberflächentemperatur besteht eine annähernd lineare Beziehung (SRU, Demokratisch regieren in ökologischen Grenzen – Zur Legitimation von Umweltpolitik, Sondergutachten, 2019, S. 36).“***

Das volle fachliche Zitat des Sachverständigenrates für Umweltfragen (SRU) auf Seite 36 lautet (mit Hervorhebungen): ***„Verschiebungen klimatischer Mittelwerte***

37. ***Zwischen dem Anstieg der mittleren Temperatur der Atmosphäre an der Erdoberfläche und der Gesamt-menge an emittierten klimawirksamen Treib-hausgasen, welche kumulativ über einen gegebenen Zeitraum in die Atmosphäre emittiert wurde, besteht eine annähernd lineare Beziehung.*** *Es spielt also für die allgemeine Entwicklung keine Rolle, wo und wann Emissionen ent-standen sind. Vielmehr kommt es vor allem auf deren Gesamtmenge über einen langen Zeitraum an. Die zu-gehörige globale Zunahme des Niederschlags folgt aus dem phy-sikalischen Zusammenhang mit der Erwärmung, da eine wärmere Atmosphäre mehr Wasser aufnehmen kann; regional fallen die Veränderungen dabei sehr heterogen aus.“*

Ausgerechnet für diese entscheidende SRU-Kernaussage einer ***„annähernd lineare[n] Beziehung“*** zwischen dem atmosphärischen Temperaturanstieg und der Gesamtmenge an

---

[30] https://www.bverfg.de/e/rs20210324_1bvr265618.html

emittierten Treibhausgasen fehlt jeglicher konkreter wissenschaftlicher Quellenverweis in dem immerhin 48-seitigen Literaturverzeichnis des SRU (Seiten 214-261). Und die Fachgebiete der SRU-Mitglieder*Innen selbst geben eine solche Aussage aus eigener fachlicher Expertise auch nicht her.

Die zugrunde liegende SRU-Aussage steht nämlich den Erkenntnissen des sogenannten „Weltklimarates“ (IPCC) diametral entgegen. Denn im TAR Full Report[31] Kapitel 6 “Radiative Forcing of Climate Change” in Tabelle 6.2 auf Seite 358 gibt der IPCC Formeln für den vorgeblichen Strahlungsantrieb ΔF [Wm^{-2}] von sogenannten Klimagasen an; für das „Radiative Forcing“ von Kohlenstoffdioxid (CO_2) ergibt sich folgende logarithmische Funktion:

Logarithmische IPCC-Gleichung: $\Delta F = \alpha \ln(C/C_0)$ mit $\alpha=5.35$

In der nachfolgenden Abbildung wird dieser **logarithmische (nicht lineare!)** Zusammenhang zwischen dem atmosphärischen CO_2-Gehalt und der Temperatur deutlich:

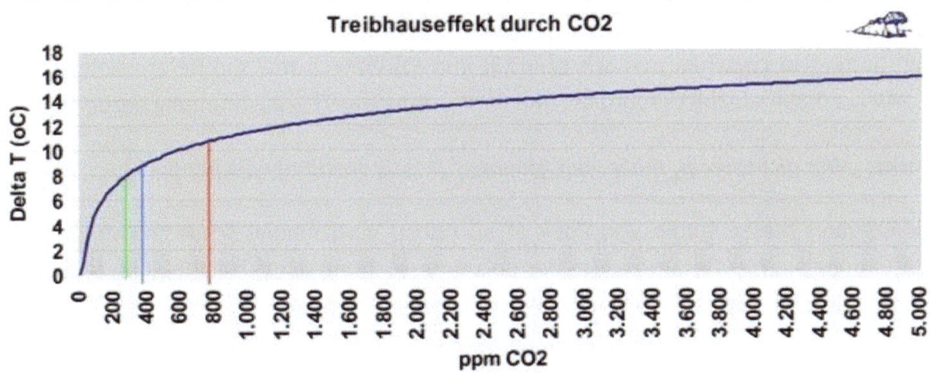

Abbildung[32]**:** Der vorgebliche Treibhausbeitrag von CO_2 aus der logarithmischen IPCC-Gleichung (dunkelblau) für 280 ppm (grün), 400 ppm (hellblau) und 800 ppm CO_2 (rot)

---

[31] https://www.ipcc.ch/site/assets/uploads/2018/03/WGI_TAR_full_report.pdf

[32] Quelle dieser Abbildung: Klimahysterie ist keine Lösung (Seite 188), dieses Buch ist auch in SW erhältlich

Sind die ominösen 97% wirklich eine echte wissenschaftliche Mehrheit[33]?

Überall ist zu hören und zu lesen, dass die Klimawissenschaft zu 97% davon überzeugt ist, die Klimakatastrophe sei menschengemacht. Diese ominösen 97% entstammen einer Studie von Cook et al. (2013)[34]. Allerdings ist diese Studie nicht ganz so sauber abgelaufen, wie die Jünger des Klimaaberglaubens es gerne hätten. Man hatte bei der statistischen Auswertung nämlich eine „parallele Logik" eingesetzt, die aus derselben Giftschublade stammt wie die „alternativen Fakten":

(1) Es wurden die Zusammenfassungen von 11.944 wissenschaftlichen Arbeiten aus der begutachteten wissenschaftlichen Literatur auf Aussagen zu AGW untersucht.

(2) 66,4 Prozent der Zusammenfassungen machten keine Angaben zu AGW und die verbleibenden 32,6 % (=3.894) mit einer Position zu AGW wurden näher untersucht.

(3) Von diesen 3.894 Aussagen zu AGW bestätigen 97,1% die AGW-Theorie.

Man hatte also zwischen den Schritten (2) und (3) einfach mal die Referenzmenge von 11.944 auf 3.894 Abstracts reduziert und darauf dann die 97%-Zustimmung bezogen.

Merke: *„Wer nichts weiß, muss alles glauben"* *(Marie von Ebner-Eschenbach)*

Das Ergebnis dieser Studie von Cook et al. (2013) wird medial schon immer als 97%-Zustimmung aus der Gesamtmenge der dort untersuchten Klimaartikel und als Beweis für einen wissenschaftlichen 97%-AGW-Konsens verbreitet; später auch von Cook et al. (2016)[35] selbst, wo man in der Kernaussage von allen publizierenden Klimawissenschaftlern spricht. Immerhin, wenn man lange genug sucht, dann findet man sogar eine

---

33 https://archiv.klimanachrichten.de/die-%e2%80%9eparallele-logik-fur-eine-dekarbonisierung-der-welt/

34 http://iopscience.iop.org/article/10.1088/1748-9326/8/2/024024

35 http://iopscience.iop.org/article/10.1088/1748-9326/11/4/048002

Organisation[36], die es mit der Wahrheit noch genau nimmt, denn unter den großen ***97%*** steht ganz klein die Einschränkung: ***„of published climate papers with a position on human-caused global warming agree: …"***

GOOGLE Übersetzung: „97% der veröffentlichten Klimapapiere mit einer Position zur vom Menschen verursachten globalen Erwärmung stimmen zu: …"

---

[36] http://theconsensusproject.com/#sharePage

Beste Grüße von Galileo Galilei: Macht es Sinn, wenn höchste Gerichte in offenen wissenschaftlichen Fragestellungen zukunftsweisende Urteile fällen?

Der historisch zu nennende Klima-Beschluss[37] 1 BvR 2656/18 des Bundesverfassungsgerichts vom 24. März 2021 erklärt in Absatz 19 die physikalische Funktionsweise des „natürlichen atmosphärischen Treibhauseffektes“, Zitat mit eingefügten Kennzeichnungen [1]-[4]:

„Die maßgeblichen Zusammenhänge lassen sich vereinfacht wie folgt zusammenfassen: Die menschlich verursachte Erhöhung der Treibhausgaskonzentration in der Atmosphäre verändert den Strahlungshaushalt der Erde und führt so zur Erderwärmung. ***[1]*** *Die in der Erdatmosphäre befindlichen Treibhausgase absorbieren die von der Erde abgegebene Wärmestrahlung und strahlen Teile davon zurück zur Erdoberfläche.* ***[2]*** *Die von den Treibhausgasen abgestrahlte Wärmestrahlung kommt so als zusätzliche Wärmestrahlung an der Erdoberfläche an.* ***[3]*** *Zum Ausgleich ankommender und abgehender Wärme strahlt die Erdoberfläche mehr Wärme ab.* ***[4]*** *Hierdurch wird es in der bodennahen Atmosphäre wärmer (IPCC, a.a.O., S. 11 f.; Rahmstorf/Schellnhuber, Der Klimawandel, 9. Aufl. 2019, S. 12 f., 30 ff.; UBA, Klima und Treibhauseffekt, 2020, S. 2).“*

Halten wir fest, wie die Erhöhung der Treibhausgaskonzentration in der Atmosphäre zur Erderwärmung führen soll, mit sprachlichen Vereinfachungen durch den Autor:

- [1] Die Treibhausgase in der Erdatmosphäre absorbieren die Wärmestrahlung der Erde und strahlen Teile davon zurück zur Erdoberfläche.
- [2] Die von den Treibhausgasen abgestrahlte Wärmestrahlung (Gegenstrahlung) trifft auf die Erdoberfläche und erwärmt sie zusätzlich.
- [3] Zum Ausgleich strahlt die Erdoberfläche mehr Wärme ab.
- [4] Hierdurch wird es in der bodennahen Atmosphäre wärmer (Abbruch des Zyklus‘).

Konsequenz: Die Aussage [3] ist Voraussetzung für [1]. Nach [3] müsste der Zyklus also mit [1] neu beginnen. [4] ist der blasse Versuch, diesen „Zyklus furiosus“ stumpf abzubrechen.

---

[37] http://www.bverfg.de/e/rs20210324_1bvr265618.html

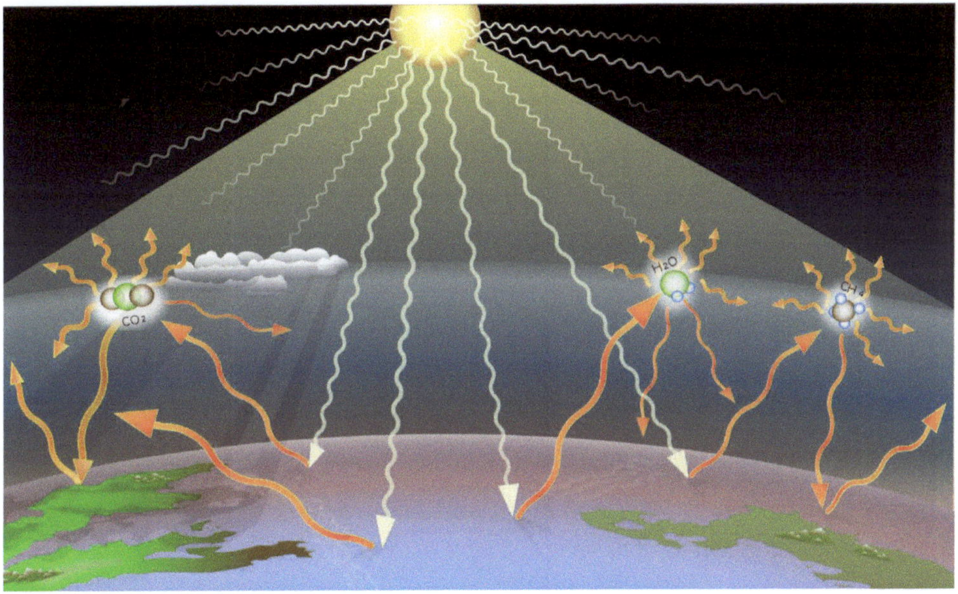

Abbildung: Der atmosphärische Treibhauseffekt - Quelle Wikipedia[38], Autor A loose necktie –Lizenz: Creative Commons Attribution-Share Alike 4.0 International

Ohne diesen willkürlichen Abbruch [4] würde sich die Erdoberfläche durch ihre eigene Abstrahlung also immer weiter bis zum Weltenbrand aufheizen. Einen solchen physikalischen Münchhausen-Effekt nennt man Perpetuum Mobile, Zitat Wikipedia[39]:

„Das Deutsche Patent- und Markenamt weist Patentanmeldungen, die ein Perpetuum mobile zum Gegenstand haben, unter Verweis auf die mangelnde Ausführbarkeit der Erfindung (gewerbliche Anwendbarkeit) nach § 1 PatG zurück. Der potenzielle Erfinder könnte einen Schutz seiner Erfindung nur dadurch erreichen, dass er dem Deutschen Patent- und Markenamt einen funktionstüchtigen Prototypen präsentiert."

[38] https://commons.wikimedia.org/wiki/File:Greenhouse-effect-t2.svg

[39] https://de.wikipedia.org/wiki/Perpetuum_mobile

Die Spitze des Eisbergs: Klimawandler und ihre Netzwerke

Hinter dem alltäglichen medialen Klimawahn stehen große und kapitalstarke Organisationen, beispielsweise:

adelphi.[40] *„Wir sind Europas führender Think-and-Do-Tank und eine unabhängige Beratung für Klima, Umwelt und Entwicklung."* Liste Partner: Zeige 1 - 25 von 468

Agora Energiewende[41]: "*This map showcases EnerTracks alumni who participated in the Fellowship and/ or Study Tour trainings."*

Climate Emergency Fund[42]: "*We support disruptive climate activism, because we believe it is the fastest way to create transformative change."*

Copernikus[43]: *„Europas Blick auf die Erde"*

Covering Climate Now[44]: *"More than 170 news outlets from around the world with a combined audience of hundreds of millions of people have now signed up for Covering Climate Now,..."*

European Climate Foundation[45]: "*Foundation offices The Hague Berlin Brussels London Paris Warsaw"*

Und dann schau'n Sie mal, wer sich diesem klimapanischen Tsunami entgegenstellt, Einzelpersonen, Blogs, Vereine, die von Selbstausbeutung und Spenden leben, medial aber kaum vorkommen. Besonders zu empfehlen sind EIKE[46] und die Klimanachrichten[47].

---

40 https://adelphi.de/de

41 https://www.agora-energiewende.de/die-energiewende/enertracks-alumni/

42 https://www.climateemergencyfund.org/about

43 https://www.d-copernicus.de/programm/netzwerk-und-kontakte/fernerkundungsinstitute-firmen-in-deutschland/

44 https://www.cjr.org/covering_climate_now/covering-climate-now-170--outlets.php

45 https://europeanclimate.org/about-climate-action/

Biodiversitätsverlust: Das nächste UN-Schreckgespenst wartet schon auf uns

Der UN-Weltbiodiversitätsrat IPBES stellt in seinem „Summary for policymakers of the global assessment report on biodiversity and ecosystem services of the Intergovernmental Science-Policy Platform on Biodiversity and Ecosystem Services – ADVANCE UNEDITED VERSION[48] – 6 May 2019" auf Seite 14 die nachfolgende Abbildung zum Artensterben dar:

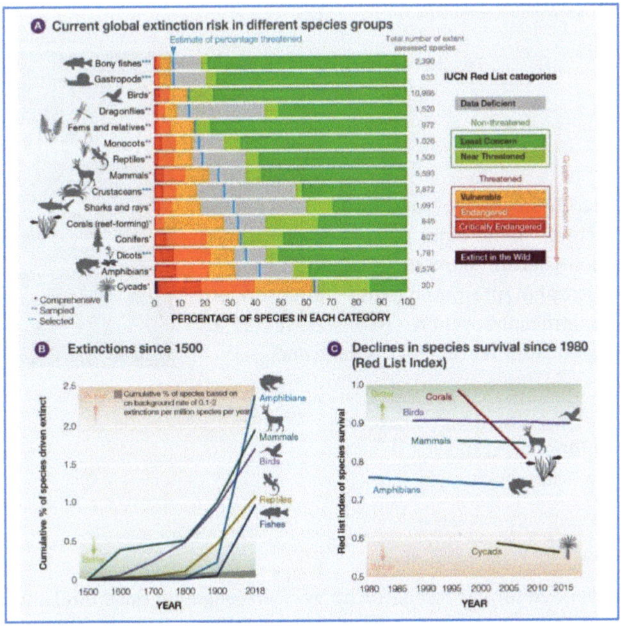

Tatsächlich sind lediglich 25 Prozent der in der nebenstehenden Abbildung bewerteten 38.679 Arten gefährdet - wohlgemerkt „gefährdet" und nicht etwa „ausgestorben". Und damit erlaubt sich der UN-Weltbiodiversitätsrat IPBES dann „nahzulegen", also ausdrücklich nicht „zu beweisen", dass insgesamt etwa 1 Million Arten auf unserer Erde „vom Aussterben bedroht" - also nicht etwa „gefährdet" - sind. Bisher hat die IPBES-Schlagzeile von einer Million aussterbenden Arten trotz mehrfacher medialer Panikversuche noch nicht gezündet.

Aber weil's ja um unser Geld geht, versuchen's die UN-Gutmenschen ganz sicher nochmal...

---

46 https://eike-klima-energie.eu/

47 https://klimanachrichten.de/

48 https://www.ipbes.net/system/tdf/spm_global_unedited_advance.pdf?file=1&type=node&id=35245

Weitere Bücher des Autors zur vorgeblich menschengemachten Klimakatastrophe

Taschenbuch S/W - 216 Seiten
ISBN: 978-3-74483-560-2

E-Book: EUR 5,49

Taschenbuch: EUR 7,99

Katastrophenszenarien haben sich zu den Gelddruckmaschinen der modernen Forschung entwickelt. Deren CO_2-Glaubenssätze werden hier anhand geowissenschaftlicher Erkenntnisse „entzaubert" und die gesellschaftlichen Perspektiven der gegenwärtig herrschenden Klimahysterie aufgezeigt.

Taschenbuch S/W - 116 Seiten
ISBN: 978-3-74483-727-9

E-Book: EUR 3,49

Taschenbuch: EUR 5,99

In diesem Buch hat der Autor eigene Veröffentlichungen und ergänzende Kapitel zu einer schlüssigen Argumentationskette im Sinne einer geowissenschaftlichen Auseinandersetzung mit der von den politisierten Klimawissenschaften prophezeiten menschengemachten Klimakatastrophe zusammengefasst. Insbesondere die wissenschaftliche Widerlegung des atmosphärischen Treibhauseffektes als zentrales Glaubensdogma der Klimareligion steht hierbei im Vordergrund.

... und zum gesellschaftlichen Wandel in unserem Land:

Taschenbuch – 128 Seiten

ISBN: 978-3752804355

E-Book: EUR 3,99

Taschenbuch: EUR 5,99

Die Betrachtungsperspektive für gesellschaftliche Veränderungen in unserem Land hat sich diametral verändert. Der aktuelle gesellschaftliche Wandel wird nämlich nicht etwa aus einer wertekonservativen Mitte heraus kommentiert, wie wir das bei unserer sogenannten 68er Studentenrevolution erlebt hatten, sondern vielmehr ist heute diese wertekonservative gesellschaftliche Mitte selbst, vorgeblich als "alte weiße Globalisierungsverlierer", das Subjekt einer vernichtenden öffentlichen Kritik.

PS.: Meine übrigen Bücher bei BoD sowie meine Artikel auf EIKE, KlimaNachrichten/KalteSonne, Tichys Einblick und AllAboutEnergy finden Sie mit der Suchfunktion der jeweiligen Internetseite